PETITE BROCHURE
SCIENTIFIQUE ET MORALE

ESSENTIELLEMENT

INNOVATRICE ET MORALISATRICE

(Divisée en deux parties)

PAR

AUGUSTIN BABIN

En tout temps, chers Lecteurs, le vrai, *seul*, est aimable;
Tandis qu'assurément, le faux est détestable.
Défendre le premier ne peut qu'être louable;
Propager le second, c'est vraiment exécrable.

A. B.

PREMIÈRE ÉDITION

PRIX : 1 FRANC

PARIS
TYPOGRAPHIE CHARLES UNSINGER
83, RUE DU BAC, 83

1883

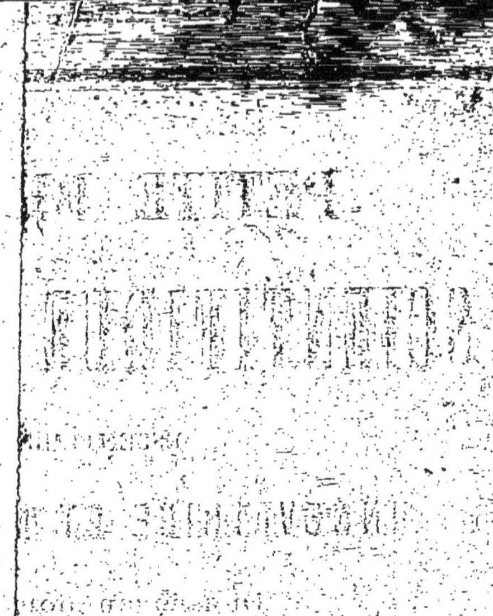

Hommage respectueux de l'auteur soussigné Augustin Babin

DÉDICACE

A l'Institut de France et ensuite au Clergé
Catholique romain (justement critiqué)
Nous dédions cet écrit dicté par la raison,
Conforme au PUR BON SENS, *à la* VRAIE RELIGION.

A. B.

PETITE BROCHURE

SCIENTIFIQUE ET MORALE

CATALOGUE GÉNÉRAL

DES

RAGES DE L'AUTEUR

eur prix de vente, étant tirés sur papier de 14 fr. la rame.

Ouvrages faisant partie du domaine public depuis le 27 mai 1882.

fr. c.

(u Bonheur. 1 vol. in-18 (jésus), broché. 1,50

Ph phie spirite. 1 vol. in-18 (jésus), broché. . . 1,90

Noti , d'astronomie, etc. 1 vol. in-18 (jésus), broché. 1,90

Vérit. ole catéchisme universel. 1 vol. in-32, broc. 1,40

Encyclopédie morale. 1 fort vol. in-32, broché. . . 1,60

Ouvrages devant faire partie du domaine public après le décès de l'auteur.

Guide de la Sagesse. 1 vol. in-18 (jésus), broché. . . 1,50

Poëme psychologique. 1 vol. in-18 (jésus), broché. . 0,90

Poëme astronomique. 1 vol. in-18 (jésus), broché. . 1,30

Trilogie morale, comprenant les trois volumes précédents, plus un important Préambule. 1 fort vol. in-18 (jésus), broché 3,00

Les deux Antipodes. Brochure in-18 (jésus) de 36 pages, plus une couverture. Brochée 0,40

Allocution à notre Curé. Cent exemplaires. . . . 1,50

Tableaux astronomique et synoptique collés sur carton de 19 cent. sur 24 centimètres et à bordures dorées 0,45

Double grand tableau synoptique (États d'Europe et départements français.) Dimension : 55 cent. sur 72 centimètres 0,30

Grand tableau d'instruction morale et scientifique. Même dimension et même prix que le précédent 0,30

Nota. — Pour toute demande de tirage de l'un quelconque des écrits sus-désignés, s'adresser à Monsieur le Typographe de la rue du Bac, 83, à Paris, qui en possède tous les clichés et a pris, avec l'auteur, l'engagement formel de faire (lui et ses successeurs) tous les tirages qui leur seront commandés par tout libraire quelconque de Paris et des Départements, de l'un quelconque des écrits sus-désignés. Dans l'intérêt *pécuniaire* de Messieurs les Libraires en question, tous ces tirages seront faits à 50 0/0 au-dessous des prix de vente désignés dans ce Catalogue général ; à la seule condition expresse que chaque commande sera de 210 exemplaires au moins. Naturellement, le nom et l'adresse de la librairie qui aura fait la commande, seront mis au bas du grand titre de chaque écrit commandé. — Pour tout tirage fait sur papier plus cher (conformément à la commande du libraire), le prix supplémentaire du papier sera remboursé à Monsieur le Typographe, et le prix de vente de l'écrit en question sera augmenté d'autant.

Approuvé le Nota ci-dessus.
CHARLES UNSINGER.

Approuvé le Nota ci-dessus.
AUGUSTIN BABIN.

PREMIER AVIS

De nos humbles écrits, nous vous donnons, Lecteur,
La nomenclature, dans la page antérieure.
Si vous les consultez, vous pourrez y trouver
Le seul et vrai bonheur qu'il nous faut désirer
Celui qui nous apprend à nous rendre meilleurs,
Afin de devenir des Esprits supérieurs,
Qui n'ont plus à souffrir dans leurs incarnations
Les peines qu'ici-bas, nous tous, nous éprouvons.

A. B.

TROISIÈME AVIS

Tout homme un peu sensé,
Doit toujours désirer
De pouvoir progresser;
C'est une vérité. 
Pour cela, cher Lecteur,
Il lui faut, à toute heure,
Augmenter tout de bon,
Son amélioration.

A. B.

DEUXIEME AVIS

L'humanité, Lecteurs, est une école humaine,
Qui permet à l'*homme* de changer de domaine;
Laissant un monde humain plus ou moins inférieur,
Il va dans un autre d'un degré supérieur (1).
Cette progression-là (c'est à peu près certain),
Nous permet d'habiter tous les mondes humains
Qui se trouvent compris dans notre firmament,
Et se trouvent avoir des degrés différents...

A. B.

(1) Ce changement, pour nous tous, ne peut se produire qu'après avoir passé à l'état d'Esprit, un temps plus ou moins long, dans le monde des Esprits...

Paris. — Charles Unsinger, imprimeur, 83, rue du Bac.

PETITE BROCHURE
SCIENTIFIQUE ET MORALE

ESSENTIELLEMENT

INNOVATRICE ET MORALISATRICE

(Divisée en deux parties)

PAR

AUGUSTIN BABIN

En tout temps, chers Lecteurs, le vrai, *seul*, est aimable,
Tandis qu'assurément, le faux est détestable.
Défendre le premier ne peut qu'être louable;
Propager le second, c'est vraiment excécrable,

A. B.

PREMIÈRE ÉDITION

PARIS
TYPOGRAPHIE CHARLES UNSINGER
83, RUE DU BAC, 83

1883

AVERTISSEMENT

Le but que nous nous proposons en faisant paraître cette humble petite brochure divisée en deux parties absolument distinctes l'une de l'autre, est absolument scientifique et moral [1]. En effet, la *première partie* a pour but de donner connaissance à tous les savants de notre époque actuelle, de *quelques innovations scientifiques* de la plus grande importance; lesquelles innovations ont été extraites de notre Poème astronomique, sauf les pages 18 à 23, où il est fait mention de la *réelle* vitesse de la lumière (conformément au plus simple bon sens du moins), dans les espaces infinis.

La *seconde partie,* essentiellement moralisatrice (religieusement parlant), est en grande partie consacrée au Clergé catholique, apostolique [2] et

---

(1) Cette Brochure sera adressée (gratuitement et franco) à S. S. le Pape, Léon XIII, ainsi qu'à tous Messieurs les Prélats catholiques (102) qui ont reçu nos *Deux Antipodes,* envoi mentionné dans le *douzième* article poétique compris dans la *seconde partie* de cette dite Brochure. Elle sera, également, adressée à *vingt* Membres de l'Institut de France, etc.

(2) Nous ferons remarquer ici : que le titre d'apostolique ne convient aucunement au Clergé catholique qui, positivement, est absolument *anti-apostolique,* autrement dit *anti-chrétien.* Comme preuve convaincante de ce que nous avançons, prendre connaissance de nos *deux antipodes* désignés dans cet avertissement.

romain que, *moralement*, nous combattons avec persévérance ; d'abord, dans l'intérêt de notre humanité tout entière, et puis, ensuite, dans le *propre* intérêt du dit Clergé catholique. Comme preuve à l'appui de ces deux affirmations, il suffit de prendre connaissance de notre importante et rationnelle Brochure, intitulée : *Les deux Antipodes ou Catholicisme et pur Christianisme, autrement dit l'eau et le feu.* En effet, que Messieurs les Prélats qui doivent assister au prochain Concile œcuménique de Novembre prochain 1883, se décident enfin à devenir véritablement chrétiens, en renonçant à leurs dogmes *faux* et *irrationnels* qui, jadis, pouvaient avoir leur raison d'être ; mais qui, à notre époque actuelle, sont absolument défectueux et odieux, et (ce qui est le plus regrettable) sont, hélas ! positivement *blasphématoires*, à notre dite époque actuelle. D'après cela, nous sommes en droit de leur adresser le double quatrain suivant :

Avec tous vos dogmes, qui sont pleins d'infamie,
Sachez donc, Messeigneurs, que vous ne produirez
*Que l'*ATHÉISME, *hélas ! dans la classe éclairée,*
Et puis dans l'autre, enfin, que la BIGOTERIE.
Voulez-vous donc, Messieurs, réduire l'humanité
A croupir dans ces deux tristes insanités ?
Répondez, Messeigneurs, et dites-nous, enfin,
Si vous avez, vraiment, cet horrible dessein ?...

Si Messeigneurs les Prélats sus-désignés sont assez prudents pour vouloir suivre notre conseil tout fraternellement donné (lequel, assurément, est des plus rationnels et des plus sensés, tout en étant essentiellement moral et religieux), ils seront assurés d'obtenir la confiance tout entière et l'absolue reconnaissance de toute notre humanité, dont ils seront, alors, les plus grands et les plus estimés *bienfaiteurs*...

Une aussi sublime récompense suffira-t-elle pour engager Messeigneurs les Prélats sus-désignés, à renoncer à leur ancienne et triste ambition, ayant pour but d'accaparer la *fortune d'autrui, les honneurs, le pouvoir?* Chacun de nous, désirons-le de tout notre cœur, chers Lecteurs. Car, hélas! en cette circonstance, c'est le seul sentiment qu'il nous est permis d'émettre; sauf celui de la réprobation générale et universelle que nous devons *tous* leur infliger, si, malheureusement, ils ont l'infamie et l'extrême culpabilité de manquer à leur *mission sacrée;* de laquelle dépend le *bonheur* de notre humanité tout entière.

A. B.

PETITE BROCHURE

SCIENTIFIQUE ET MORALE

ESSENTIELLEMENT

INNOVATRICE ET MORALISATRICE

(DIVISÉE EN DEUX PARTIES)

PREMIÈRE PARTIE

Nous allons commencer cette *première partie* par un avis à nos Lecteurs, sur la très importante *innovation* comprise dans l'article qui viendra à la suite de notre dit avis; lequel article comprend toute cette *première partie*.

AVIS A NOS LECTEURS

Nous vous donnons, Lecteurs, dans les pages suivantes
Une définition tout à fait importante,
De la *vraie* formation, sur tout globe terrestre,
De toute lumière, puis de toute chaleur.
Juste définition qu'aucuns savants (du reste)
De tous les temps passés, n'ont jamais eu l'honneur

De pouvoir découvrir ; ce qui (en vérité)
Est vraiment étonnant, vu sa simplicité.
D'où, nous devons conclure,
En toute vérité,
Que, certes, le passé
Vaut moins que le futur,
Que même le présent ;
Cela, c'est évident.
Évitons donc le vice
D'imiter l'écrevisse...
Comme preuve, Lecteurs, que tous nos grands savants
De tous les temps passés n'ont, positivement,
Aucunement connu cette définition ;
Ainsi que notre illustre écrivain **Flammarion** :
Dans la page qui suit
De ce présent écrit,
Lisez notre renvoi,
Vraie preuve par surcroît.

A. B.

RÉFLEXIONS SCIENTIFIQUES

SUR LA PRODUCTION DE LA LUMIÈRE ET DE LA CHALEUR SUR UN MONDE TERRESTRE QUELCONQUE SUIVIES DE LA VITESSE DE LA LUMIÈRE DANS LES ESPACES SANS FIN

CHERS LECTEURS,

Les *réflexions scientifiques* qui font le sujet de cet article, sont une véritable *innovation* que nous avons émise sur la *production de la lumière et de la chaleur* sur un monde terrestre ; *production* inconnue de nos savants jusqu'à ce jour (1). Cependant, comme vous pourrez l'apprécier par vous-mêmes, vous serez grandement surpris que notre manière de voir, à ce sujet, n'ait pas été reconnue plus tôt ; tellement elle est *rationnelle* et absolument conforme au plus simple *bon sens* ; au

---

(1) Comme preuve de ce que nous avançons, il nous suffira de citer le passage suivant, extrait des *Contemplations scientifiques* de M. CAMILLE FLAMMARION, page 270 :

« En effet, jusqu'à présent, les physiciens les plus accrédités et les savants les plus estimés de toutes les Académies du globe n'ont encore pu s'entendre pour décider en quoi consiste l'agent qui nous fait voir. Leurs meilleures définitions ressemblent à celles dont parlait VOLTAIRE à propos de la grâce, lorsqu'il disait que, de toutes les explications publiées par les théologiens, la meilleure était celle du jésuite BOUHOURS, qui pensait que c'est un « je ne sais quoi ».

point même, d'être absolument indiscutable, du moins d'une manière rationnelle. En effet, elle *seule* peut donner l'explication de cette grande et sublime vérité, qu'il serait véritablement *ridicule* de vouloir discuter : « C'est que la *chaleur* et la *lumière* éprouvées sur un monde terrestre, ne dépendent nullement de son plus ou moins grand éloignement de l'astre radieux, *régénérateur* du système solaire ou tourbillon dont il fait partie. » D'après cela, nous devons rationnellement admettre que chacun des mondes planétaires de notre système solaire peut posséder, quelle que soit sa distance de notre Soleil, une végétation et une température, soit inférieures à *celles* du globe terrestre (comme cela peut arriver pour Mercure et Vénus), soit plus ou moins supérieures à *celles* de notre dit globe terrestre, comme cela doit probablement exister pour Jupiter, Saturne, Uranus et Neptune, et peut-être même pour Mars, qui se trouve avoir deux lunes ou satellites; tandis que notre Terre n'en a qu'une.

Maintenant, chers Lecteurs, pour vous donner une preuve absolument convaincante de l'extrême rationalité et indiscutable réalité de notre manière de voir (qui, nous le répétons, est une véritable *innovation*), il nous suffira de vous faire observer que sous l'équateur, les neiges perpétuelles existent à 4.800 mètres de hauteur; nous devons donc forcément admettre la conclusion suivante : c'est que les rayons solaires (pour l'Être humain, s'entend, et pour mieux dire, pour tous les êtres vivants de notre globe terrestre), n'ont aucune *chaleur* en dehors de notre atmosphère, et qu'ils sont, au contraire, d'autant plus chauds qu'on se rapproche davantage de la surface de notre globe terrestre. D'après cela, le plus simple *bon sens* ne nous fait-il pas comprendre, que c'est la combinaison de ces mêmes rayons solaires avec les molécules de notre atmosphère, qui, pour nous, produit la chaleur, et que ladite chaleur doit être d'autant plus faible qu'on s'élève davantage dans l'espace, et *vice versâ;* ce qui est dû à la plus ou moins grande densité des différentes couches atmosphériques, laquelle densité diminue graduellement à mesure qu'on s'élève dans ledit espace.

Pour la *lumière*, le raisonnement est absolument le même et aboutit à la même conclusion, c'est-à-dire que la lumière est d'autant plus éblouissante, que la combinaison des rayons solaires avec les molécules de notre atmosphère se produit près de la surface terrestre et *vice versâ.* De tout ce que nous venons de dire, nous devons naturellement tirer l'importante conclusion suivante : c'est que l'intensité calorifique et lumineuse des rayons solaires, sur un globe terrestre, ne dépend pas, comme cela en a été de tout temps la ridicule croyance, du plus ou moins grand éloignement de ce globe de l'astre radieux, mais bien de la composition de l'atmosphère dudit globe. D'où la conclusion toute naturelle : que la planète la plus éloignée de l'astre radieux qui nous éclaire et réchauffe en même temps, peut parfaitement bien jouir, à sa surface, d'une intensité lumineuse et calorifique de beaucoup *supérieure* à celle qu'éprouve la planète la plus rapprochée dudit astre radieux. En effet, du moment que nous savons que l'atmosphère de notre globe terrestre, à son état de plus grande pureté, est composée de 21 parties d'oxygène et, à très peu près, de 79 parties d'azote (le premier de ces deux fluides représentant le principe vital par excellence; tandis que le second, au contraire, est absolument antivital), nous pouvons donc supposer, *avec juste raison*, que la planète Neptune (celle qui est la plus éloignée de notre Soleil, d'après nos connaissances actuelles) doit probablement posséder une atmosphère beaucoup plus oxygénée que la nôtre : d'où la conclusion naturelle : que l'intensité lumineuse et calorifique que cette planète éprouve peut être supérieure à *celle* que nous éprouvons sur notre globe terrestre, voire même à *celle* de Mercure, qui est la planète la plus rapprochée dudit Soleil.

Ce que nous venons de dire a d'autant plus sa raison d'être, que cela fait parfaitement comprendre, que les globes terrestres les plus importants de notre système solaire (tel est Jupiter, possédant *quatre* lunes et ayant un diamètre de plus de onze fois supérieur à celui de la terre, dont il égale *quatorze cents* fois la grosseur; tel est encore Saturne, avec son immense anneau et ses *huit* lunes; etc., etc.) doivent évidemment posséder une température et une lumière infiniment supérieures à *celles* que nous éprouvons sur notre petit globe terrestre. Le plus simple *bon sens*, du moins, doit nous le faire comprendre ainsi. Au surplus, l'immense espace dépendant de notre tourbillon, qui se trouve exister au delà de Neptune (1), et puis, ensuite, la proportion excessivement infime qu'offre le *volume total* de tous les corps célestes de notre dit tourbillon par rapport au *volume* de notre Soleil (ce rapport est comme 1 est à 560 et même davantage), suffisent grandement pour nous faire admettre qu'un plus grand nombre de planètes dépendant de notre système solaire, doit probablement exister au delà de la planète Neptune susdésignée.

Cette très rationnelle probabilité admise, une dernière fois pour toutes, nous le demandons franchement à tous nos Lecteurs, quels qu'ils soient : l'extrême importance de la définition que nous donnons de la *production* de la lumière et de la chaleur, peut-elle un seul instant être mise en doute, et ne serait-ce pas vouloir se mettre en contradiction avec le plus simple *bon sens* que de la rejeter? D'autant mieux que l'extrême importance des conséquences qui en découlent, nous oblige forcément à l'accepter. En effet, avec elle, ce n'est plus la distance d'une planète à son soleil qui règle *l'action régénératrice* qu'elle en reçoit; c'est la composition même de son atmosphère, qui peut être plus ou moins *oxygénée* et peut, par conséquent, posséder les propriétés voulues pour se trouver en rapport de *pureté* et de *valeur* avec l'une des planètes quelconques, quelsquesoientsonimpor-

(1) Cet *espace* est tellement immense, en effet, qu'il est officiellement reconnu par tous les astronomes un peu en renom, comme étant égal à *huit mille fois* la distance de la planète Neptune au Soleil. Comme l'on voit, pour l'établissement de *nouvelles planètes*, la moitié de cette distance offre encore un espace considérable, et qui probablement ne doit pas être complètement vide.

tance et son éloignement de l'astre radieux. Cette manière de voir (nous le répétons une dernière fois) nous paraît tellement *rationnelle* et conforme au plus simple *bon sens*, que nous sommes intimement convaincu que la très grande majorité de nos Lecteurs sera de notre *avis*.

Après vous avoir donné connaissance, chers Lecteurs, de notre très importante *innovation* sur la *formation* de la lumière et de la chaleur (1) sur un globe terrestre quelconque; nous allons, maintenant, vous donner connaissance d'une très grande et très grave *erreur* (qui même, en réalité, doit être considérée comme une véritable absurdité) commise par tous les astronomes des temps passés et tous ceux de notre époque actuelle; principalement, par M. Camille Flammarion, l'un des plus grands astronomes de notre XIXe siècle. Cet illustre écrivain (dont les très nombreux ouvrages jouissent, du reste, d'une réputation grandement méritée) a eu la malheureuse pensée, en effet, d'émettre et même d'affirmer dans ses écrits astronomiques, cette *regrettable* et *grave erreur scientifique*, que la moindre réflexion, cependant, lui aurait évité de commettre, si son esprit (réellement des plus capables) avait consenti à prendre au sérieux la plus importante (spirituellement parlant) de

(1) Pour avoir la preuve convaincante que c'est à cette même chaleur que notre globe terrestre et toutes les planètes en général, doivent leur double mouvement de *rotation* et de *révolution* : consulter les pages 144 à 147 de notre *Poeme astronomique;* puis, ensuite, la page 148, pour avoir l'explication du pourquoi la terre se trouve plus rapprochée de notre Soleil, l'hiver que l'été...

toutes les sciences humaines, la *science astronomique*. Cette erreur excessivement grave (nous le répétons) est celle-ci : c'est de prétendre que la *lumière solaire* et *celle* des étoiles ne parcourent dans l'espace que 77,000 lieues par seconde; ce qui l'amène, ensuite, à en tirer les deux conséquences suivantes, qui nous paraissent absolument *irrationnelles* :

1° *C'est de prétendre que la lumière de certaines étoiles de notre nébuleuse doit mettre des années, des siècles, voire même des milliers d'années, pour parvenir jusqu'à nous ;*

2° *Que des étoiles peuvent ne plus exister depuis des années, des siècles et même des milliers d'années, et, malgré cela, nous être encore visibles, à notre époque actuelle.*

Franchement, chers Lecteurs, vous avouerez qu'il faut être vraiment peu sérieux pour émettre une telle opinion (1), dans un ouvrage réellement scientifique. Cependant (ainsi que nous l'avons déjà dit, et dont nous donnerons, tout à l'heure, des preuves convaincantes), cela est arrivé à M. Camille Flammarion qui, dans ce cas, reproduit tout simplement les plaisanteries scientifiques du très plaisant, mais peu sérieux écrivain, Cyrano

---

(1) Cette opinion, sans doute, a été acceptée
Par tout notre Institut, de savants composée ;
Lequel a, trop souvent, prouvé son ignorance
Dans toute innovation, se rapportant aux sciences.
Pour notre humanité, c'est vraiment malheureux,
Et de plus, encore, absolument honteux.

A. B.

de Bergerac. Sans doute, de tels écrits font rire; seulement, cela ne les empêche pas d'être absolument défectueux, du moment qu'ils tendent à ridiculiser une science qui devrait nous faire rentrer en nous-même, et, de plus, sérieusement réfléchir. Quant aux preuves sus-désignées, elles sont les suivantes :

1° Pages 255 et 256 des *Contemplations scientifiques* de M. Camille Flammarion, nous lisons :

« Le fait le plus extraordinaire qui résulte de la connaissance de la vitesse de la lumière, c'est que nous savons en astronomie que nous ne voyons dans le ciel aucun astre dans son état actuel. Nous ne connaissons les astres que par la lumière qu'ils nous envoient, et nous ne recevons leur lumière qu'un certain temps après qu'elle est envoyée. La différence est faible pour les mondes de notre système solaire, car un rayon lumineux vient du Soleil en 8 minutes et 13 secondes, et de Neptune, la dernière planète du système, en 4 heures seulement.

« Mais cette différence est très sensible pour les étoiles, même les plus rapprochées. Ainsi la lumière de notre voisine, *Alpha du Centaure*, n'emploie pas moins de 3 ans et 8 mois à traverser le désert qui nous en sépare. La lumière de *Véga* (Alpha de la Lyre) n'arrive qu'après 21 ans de vol incessant; celle d'Acturus, une autre voisine, qu'après 26 ans; celle de l'Étoile polaire, après un demi-siècle; celle de la *Chèvre* ou *Capella*, après 72 ans. Nous voyons dans cette dernière étoile, non telle qu'elle est aujourd'hui, mais telle qu'elle était au moment où partit le courrier qui nous apporte sa photographie. Etc., etc. »

2° Pages 199 et 200 de la *Pluralité des mondes* du même auteur, nous lisons :

« On comprendra facilement devant ce tableau (l'auteur vient de parler du nombre considérable des étoiles qui sont comprises dans notre nébuleuse) et en se rapportant aux distances réciproques des étoiles disséminées dans l'étendue, que la lumière de certaines étoiles emploie 1,000, 10,000, 100,000 années à venir jusqu'à nous, tout en parcourant 77,000 lieues par seconde. »

3° Page 204 du même ouvrage, nous lisons encore les réflexions suivantes, sur les voies lactées comprises dans l'immensité infinie :

« Il y a dans le ciel un grand nombre de voies lactées semblables à la nôtre, éloignées à de telles distances, qu'elles deviennent imperceptibles à l'œil nu. Si l'on demandait à quelle distance la nôtre devrait être transportée d'ici, pour nous offrir l'aspect d'une nébuleuse ordinaire (sous-entendant un angle de 10'), nous répondrions avec Arago qu'il faudrait l'éloigner à une distance égale à 334 fois sa longueur. Or cette longueur (52,400,000,000,000 de lieues) est telle, que la lumière n'emploie pas moins de 15,000 ans à la traverser. A la distance de 334 fois cette dimension, notre nébuleuse serait vue de la terre sous un angle de 10', et la lumière emploierait à nous en arriver 334 fois 15,000 ans, ou 5,010,000 années, etc., etc. »

Nous ferons remarquer ici, que si M. Camille Flam

marion, l'un des plus grands astronomes de notre siècle actuel (nous le répétons), avait tant soit peu réfléchi, avant d'émettre de semblables opinions, il aurait immédiatement reconnu que les *rayons solaires*, ou que *ceux* d'une étoile quelconque, ont deux vitesses essentiellement différentes dans l'espace qui nous sépare de ces astres. En effet, le plus simple *bon sens* ne nous fait-il pas comprendre que cette vitesse doit être essentiellement différente dans les atmosphères terrestres et hors de ces dites atmosphères (1). Ainsi, par exemple, dans le second cas, cette vitesse doit être, pour ainsi dire, instantanée pour toute distance; tandis qu'elle doit être plus ou moins lente, dans les atmosphères terrestres, suivant leur composition en oxygène et en azote; c'est-à-dire d'autant moins lente, que lesdites atmosphères sont riches en oxygène et *vice versâ*.

D'après cela, nous ne trouvons aucunement ridicule d'admettre que les rayons de notre Soleil peuvent parfaitement bien parvenir, en moins de temps, aux habitants de Neptune (la planète de notre système, la plus éloignée du dit Soleil, d'après nos connaissances actuelles), qu'à ceux de Mercure, celle de nos planètes qui

(1) Refuser d'admettre cette rationnelle vérité, ce serait raisonner comme celui qui prétendrait que la vitesse de chute des corps serait la même, soit qu'elle se produise dans une atmosphère terrestre ou dans le vide complet ; ce qui serait une absurdité des plus avérées, du moment que toutes nos expériences en physique prouvent le contraire. En effet, ces expériences ont donné la preuve absolue, que deux balles différentes (dont l'une en liège et l'autre en plomb) ont une vitesse de chute exactement semblable dans le vide complet; ce qui est loin d'exister, si cette chute se produit dans notre atmosphère terrestre...

en est le plus rapprochée. En effet, la différence infime de temps que les rayons solaires mettent à parcourir les deux distances essentiellement différentes comprises entre leurs deux atmosphères (si toutefois il en existe une), peut être largement compensée par la différence de vitesse de ces mêmes rayons, dans l'une et l'autre atmosphère de ces deux planètes; dont la composition, forcément, ne doit pas être la même, sous le rapport de la quantité de l'oxygène et de l'azote, qui sont leurs deux principaux éléments. Même conséquence à tirer pour la lumière des étoiles en général, dont la facilité de combinaison des rayons avec les molécules des atmosphères terrestres, doit diminuer de plus en plus, suivant leur plus grande distance. Etc., etc. Maintenant, chers Lecteurs, dites-nous franchement de quel côté se trouve la pure et véritable raison, entre le très illustre écrivain sus-désigné et nous?...

Quant à notre Institut, dont nous avons parlé
Dans un de nos renvois, qui sont sus-désignés;
Nous nous permetterons de le mettre au défi
De pouvoir, sensément, combattre notre avis.

A. B.

SECONDE PARTIE

Nous allons également commencer cette *seconde partie* par les quatre *avis* suivants, se rapportant à nos *nouvelles règles poétiques.*

PREMIER AVIS

Le vrai devoir consiste, assurément, Lecteurs,
A toujours modifier ce qui vraiment, d'ailleurs,
Nous paraît à chacun, plus ou moins imparfait.
Tout sage agit ainsi ; ce qui le rend parfait.
C'est donc le vrai devoir de tout homme prudent,
Comme le dit sage, d'agir également.
Ce que nous disons là, donne sa raison d'être
A l'avis deuxième, qui vous plaira peut-être.

A. B.

DEUXIÈME AVIS

Les anciennes règles de versification,
D'une difficulté contraire à la raison,
Sont par nous, chers Lecteurs, sagement remplacées
Par d'autres se trouvant de beaucoup plus sensées ;
Plus conformes, vraiment, à la vraie harmonie,
La chose principale, en bonne poésie.
Prenez-en connaissance et vous verrez, Lecteurs,
Que ce que nous disons est très juste, d'ailleurs.

A. B.

2

TROISIÈME AVIS

Si vous avez recours à nos règles nouvelles
(Absolument sensées, tout à fait rationnelles),
Sensément adoptées par nous en poésie :
Vous aurez, chers Lecteurs, l'agrément infini
De pouvoir versifier tout sujet désigné,
Pourvu que, *tous*, vous en soyez impressionnés;
Condition absolue, pour la définition
Facile, assurément, du sujet en question.
Essayez, chers Lecteurs,
Et vous verrez, d'ailleurs,
Que vos premiers essais
Auront un vrai succès.

A. B.

QUATRIÈME AVIS

Le conseil désigné dans le troisième avis,
A le grand mérite de combattre l'ennui,
Qui s'empare de nous, très positivement,
Quand nous sommes privés de toute occupation,
En dehors de celles qui sont journellement
Imposées à nous tous, comme une obligation.
Ce que nous disons là, est vrai et fort sensé;
Car le temps, dans ce cas, est bien vite passé.
En effet, chers Lecteurs,
Acceptez notre avis,
Et pour vous tous, amis,
Les jours seront des heures.

A. B.

AVIS A NOS LECTEURS

CONCERNANT

LES RÈGLES POÉTIQUES ADMISES PAR NOUS DANS LA POÉSIE

Ce qui nous a engagé, chers Lecteurs, à entreprendre la composition de nos deux poèmes *psychologique* et *astronomique*, ce sont les *quatre innovations* suivantes, que nous avons admises dans la poésie, comme étant tout à fait *rationnelles* et *sensées*, du moment qu'elles facilitent énormément toutes productions poétiques quelconques, sans nuire cependant, en aucune manière, à sa *cadence* et à son *harmonie*. Ces quatre *innovations* sont les suivantes :

1° Concernant l'*hiatus*, nous ferons remarquer que celui qu'on emploie dans le discours, sans nuire à la pureté de la langue dans laquelle on parle, doit *sensément* être permis. Ainsi, par exemple, dans le distique suivant :

> Femme qui a beauté sans être charitable,
> N'est belle qu'à moitié et n'est jamais aimable.

le premier est défectueux, tandis que le second est très acceptable.

2° Quant à faire rimer un singulier avec un pluriel, sans blesser l'oreille, cette *innovation* nous paraît également *rationnelle* et *sensée*, et doit forcément être acceptée, dans le but de rendre la poésie beaucoup plus facile; du moment surtout (nous le répétons), que cela ne nuit aucunement à la *cadence* et à l'*harmonie* des vers en question; ainsi que le prouve le quatrain suivant :

> **Plaisirs et puis jeunesse ont tout à fait leur charme,**
> **Mais sans la charité, compagne du bonheur,**
> **Ils sont le plus souvent (croyez-moi, chers Lecteurs)**
> **La cause qui, plus tard, fait verser bien des larmes.**

3° La *troisième innovation* consiste à admettre que deux syllabes unies entre elles par des voyelles (comme cela a lieu dans les mots suivants: *punition*, *équiangle*, *conscience*, etc.) doivent pouvoir, à la volonté d'un AUTEUR, se confondre en une seule syllabe ou bien en former deux distinctes; autrement dit chacun de ces trois mots doit pouvoir former trois ou quatre syllabes, sans nuire pour cela, en aucune manière, à la *cadence* et à l'*harmonie poétique* des vers se trouvant dans cette condition. Tels sont les deux distiques suivants :

Toutes *innovations* sont bonnes, chers Lecteurs,
Quand elles ont pour but de nous rendre meilleurs.

La *Conscience,* Lecteurs, doit toujours nous guider :
Sans quoi, dans l'autre vie, il nous faudra pleurer.

4° Enfin la *quatrième* et *dernière innovation* consiste à admettre que tout adjectif féminin peut parfaitement bien se mettre dans l'intérieur d'un vers, tout en considérant l'*e* muet final dudit adjectif comme ne produisant pas de syllabe dans ledit vers, son *son* étant pour ainsi dire inaccessible à l'oreille, comme le disent fort bien MM. Noël et Chapsal dans leur *Nouvelle Grammaire française*, et ne pouvant, d'après cela, aucunement nuire à la *cadence* et à l'*harmonie* des vers se trouvant dans cette condition. Tels sont, par exemple, les trois distiques suivants, dont chacun des vers n'a *rationnellement* que douze syllabes ; chaque syllabe féminine (si toutefois nous pouvons nous exprimer ainsi) n'en formant réellement qu'une, bien distincte, dans la prononciation :

Une rose fanée ne fut jamais, Lecteur,
Chose bien désirée et vraiment en faveur.

Plusieurs roses fanées, unies en un bouquet,
N'ont jamais, chers Lecteurs, produit un grand effet.

Bienfaisante rosée, le matin, sur les fleurs,
Produit un vrai bienfait, ravivant leurs couleurs.

Telles sont, chers Lecteurs, les *quatre innovations* que nous avons admises dans les règles de la poésie. Sans aucun doute quelques critiques exigeants pourront critiquer les libertés poétiques, *rationnelles* et *sensées*, que nous avons adoptées dans la versification. A ces critiques exigeants et qui, pour la plupart, sont, hélas! le plus souvent des juges sévères et incapables, nous ferons remarquer qu'un tel jugement, de leur part, nous paraît passablement peu *sensé* et par trop *hasardé*, et certainement *peu encourageant pour les personnes de bonne volonté*, *désirant se rendre utiles à leurs semblables*. Aussi, nous contenterons-nous de leur faire la réponse qui se trouve exprimée dans le quatrain suivant :

Toutes règles données par un maître exigeant,
Qui, lui-même, ne peut les suivre exactement,
Sont l'œuvre d'un *pédant*, qui, ne sachant rien faire,
Assurément, Lecteurs, ferait mieux de se *taire*.

Oh! oh! me direz-vous, c'est très franchement dire
La pure vérité aux pédants exigeants
Dans leurs instructions et leurs enseignements.
Nous pensons comme vous, loin de vous contredire :
La leçon est dure, puis vraiment peu flatteuse;
Mais avouez, Lecteurs, qu'elle est vraiment heureuse,

Du moment qu'elle dit la pure vérité,
A ceux qui critiquent par pure fatuité,
Sans rien faire de bon, dans l'intérêt d'autrui;
Ce qu'il faut, sensément, éviter aujourd'hui,
Autrement dit, enfin, à notre époque actuelle,
Dans l'intérêt de tous, vérité *rationnelle*.

Telles sont donc (nous le répétons) les *quatre innovations* que nous avons admises dans les règles de la poésie, tout en les considérant comme étant parfaitement *rationnelles* et *sensées*. Ce que nous disons a d'autant plus sa raison d'être que (nous le répétons encore, pour la dernière fois), elles ne blessent aucunement l'oreille et ne nuisent, en aucune manière, à la *cadence* et à l'*harmonie* d'une versification semblable. Au surplus, nous ferons remarquer qu'il n'est pas plus ridicule d'accepter l'*union* de deux syllabes unies par des voyelles, que d'accepter *celle* de l'*e* muet avec la voyelle suivante. Tout cela est purement une affaire de convention, et les *règles poétiques*, établies par quelques-uns, peuvent parfaitement bien être modifiées par d'autres, dans l'intérêt général. D'autant mieux, chers Lecteurs, que l'*ancienne règle poétique* n'est pas plus *infaillible* que le pape actuel et *ceux* qui l'ont précédé. En voulez-vous la preuve? la voici : d'après l'ancienne règle poétique, le mot *point* ne forme qu'*une seule syllabe*, tandis que le mot *situation* en forme *cinq*. D'après cela, *heureuse situation et amélioration*, conformément à l'ancienne règle poétique, formerait *seize syllabes*, autrement dit un vers de *seize pieds;* tandis que, d'après la nouvelle règle poétique admise par nous, ces quatre mots ne forment réellement que *douze syllabes,* autrement dit un vers de *douze pieds. Voyez*, *examinez* et *jugez* maintenant, chers Lecteurs, *quelle est la plus rationnelle et la plus sensée des deux règles poétiques en question?...*

Telle est, amis Lecteurs, notre manière de voir. *Voyez*, *examinez* et *décidez* vous-mêmes, encore, si vous devez l'accepter. Quant à ceux qui ne seront pas de notre *avis,* nous leur dirons tout uniquement ceci : *Dites que notre Poème n'en est pas un et n'est qu'une prose versifiée,* nous y consentons très volontiers. Seulement, en montrant une telle rigueur, soyez du moins capables de pouvoir mieux faire, et faites mieux en effet, car le devoir de chacun de nous est de produire, pour peu que nos moyens intellectuels nous le permettent; dans le cas contraire, nous nous rendons forcément coupables d'un acte de *lèse-humanité,* et certainement cela vaut la peine d'y réfléchir.

Nous allons, maintenant, terminer cet *avis* par

la petite pièce de poésie suivante, se rapportant aux quatre *innovations* en question :

L'*hiatus*, amis Lecteurs, est souvent défectueux,
Et n'est pas en tout temps dans ce cas malheureux.
Tels sont ceux que, certes, nous avons cru pouvoir
Employer quelquefois, sans manquer au devoir
Imposé sensément par une poésie
Bien comprise et de plus sagement définie.
Quant à faire rimer maintenant un pluriel
Avec un singulier, sans blesser notre oreille,
Nous pensons encore que la simple raison
Nous le fait accepter comme se trouvant bon.
Maintenant, discuter la véritable union
Entre deux syllabes qui sont unies entre elles
Et cela, par de très véritables voyelles,
Nous paraît peu conforme à la pure raison.
Vouloir prétendre, enfin, que l'*e* muet doit, vraiment,
Représenter une voyelle véritable,
Nous paraît peu sensé, point du tout acceptable,
Son *son*, pour l'oreille, n'existant pas vraiment.
Quant à ceux, au surplus, qui voudront critiquer
Nos règles nouvelles, faisons-leur remarquer
Que toute *poésie* exige un règlement
Sensé, puis très prudent, jamais trop exigeant.
Règlement rigoureux peut fort bien se donner;
Mais soi-même faut-il pouvoir l'exécuter;
Sinon l'on passe alors, avec toute raison,
Pour un Maître exigeant, ne faisant rien de bon,
Et qui, assurément, ferait mieux de se *taire;*
Puisque, tout autrement, il ne ferait que *braire...*

A. B.

NOTA. — Comme preuve évidente que nos *nouvelles règles poétiques* ont leur raison d'être, nous allons vous citer, chers Lecteurs, l'article suivant extrait du *Grand Dictionnaire universel* de Maurice Lachâtre ; article se rapportant à l'art poétiques.

L'art poétique, dit cet illustre écrivain, est la théorie de la poésie, comme la rhétorique est la théorie de l'éloquence ; il est l'ensemble des règles, la collection des préceptes qui peuvent aider le poète dans ses diverses compositions. Faire une bonne poétique, un bon code littéraire, a été, de tout temps, la préoccupation sérieuse et constante des grands esprits et des intelligences puissantes. Mais peu, il faut le dire, sont arrivés au juste, au vrai, à l'immuable. On a voulu s'en tenir aux quatre *poétiques* d'Aristote, d'Horace, de Vida et de Boileau, réunies par Batteux en un volume classique ; on a crié bien haut et souvent ridiculement lorsque des *novateurs* ont voulu se débarrasser et débarrasser les autres de ces lois inflexibles, bonnes pour une époque peut-être, mais en tous cas surannées, insuffisantes, étroites et sèches ; comme si le code poétique était immuable comme si ses lois ne devaient pas avoir la variété des opinions humaines. Les règles doivent être des observations judicieuses philosophiquement généralisées, des prescriptions d'après la marche du génie, des abstractions tirées des faits. Or, les faits littéraires, ce sont les chefs-d'œuvre. De nouveaux chefs-d'œuvre jetés dans des moules nouveaux, inspirant l'enthousiasme par des moyens inconnus, doivent nécessairement agrandir le cercle des règles. La poétique doit donc reculer les limites de son domaine et s'applaudir de voir couvertes de moissons les plaines qu'elle avait crues stériles. C'est ce que Victor Hugo a fort bien compris, et ce qu'il a merveilleusement développé dans sa préface de *Cromwel*. Là, il insiste avec force et talent sur ce point, que le poète ne doit prendre conseil que de la nature, de la vérité et de l'inspiration...

Maintenant, amis Lecteurs, dites-nous franchement si vous pensez que nos *nouvelles règles poétiques* ont leur raison d'être ?...

A. B.

18 ARTICLES DIVERS

COMPOSÉS

D'APRÈS NOS RÈGLES NOUVELLES EN POÉSIE

APPEL FRATERNEL

ADRESSÉ

À TOUS LES PEUPLES EUROPÉENS

Vous tous, Peuples aimés de notre Europe entière,
Sensément vous devez ardemment désirer
Vous mettre en République,
Chose vraiment logique.
Dans ce but, très louable
Et vraiment honorable,
Acceptez l'amitié de notre belle France,
Républicaine et puis *votre amie naturelle*,
Qui fera (c'est certain) pour votre délivrance,
Tout ce qu'une amitié très vive et très réelle
Pourra lui inspirer ; si, dans sa mission,
Vous voulez consentir (avec toute raison)
A vouloir bien l'aider, avec plein dévoûment,
Dans l'œuvre très sainte qu'elle veut accomplir.
Cette œuvre très sainte, qui, positivement,
Doit être pour nous tous notre plus grand désir :
C'est de faire entre nous une *alliance* unique,

Dans le but d'établir dans notre magnifique
Continent d'Europe (le plus instruit, vraiment,
De tous les Continents sur ce globe existant),
Que des Républiques vraiment patriotiques;
Tous les autres Pouvoirs étant vraiment iniques.
Vous tous, Peuples d'Europe, ayez confiance en nous,
Et prêtez-nous la main pour les confondre tous;
Alors l'Europe entière aura la liberté.
Tous ses Peuples amis, par la raison liés,
Pourront assurément se mettre en République ;
Le seul Gouvernement (c'est vraiment sans réplique)
Qui convienne à nous tous, Peuples européens,
Tous les plus éclairés de notre monde humain.
Quant au Gouvernement *républicain français*,
Puis la *majorité* très grande des Français,
Soyez tous assurés, Peuples européens,
Que les deux n'ont qu'un seul et puis même désir :
Celui de renoncer à vouloir conquérir
Un pays quelconque chez les Peuples voisins.
La France a qu'un désir, unique assurément :
C'est d'obtenir de vous l'*Alsace* et la *Lorraine*,
Dont tous les habitants sont ses plus chers enfants ;
Du moment qu'en retour (chose vraiment certaine),
Vous pourrez tous, *par elle*, avoir la République ;
De tout Gouvernement, le plus patriotique ;
Le *seul* qui peut rendre toute guerre impossible
Entre nous tous, amis et frères incarnés
Sur ce tout petit globe, assurément mobile.
Que chacun de vous tous, Peuples régénérés,

Proclame, avec entente, une vraie République
Tout à fait opposée à toute chose inique.
Alors, soyez certains, que votre sœur aînée,
Dès que l'un d'entre vous lui aura demandé,
S'empressera d'aller vous secourir en frère,
Afin de vous aider à la rendre prospère.
Notre Europe, une fois toute républicaine,
Nous aurons tous, alors, la paix universelle
Sur tout son Continent, chose vraiment certaine
Et de plus, encore, tout à fait rationnelle.
Car, enfin, étant tous enfants du même PÈRE,
Ne sommes-nous pas tous, ô Peuples, de vrais frères?
Avec nous donc, Peuples amis,
N'ayez alors que ce seul cri,
Très sensé, puis unique :
VIVE LA RÉPUBLIQUE!

AUGUSTIN BABIN.

2° APPEL SENSÉ

ADRESSÉ

A TOUS MM. LES SOUVERAINS DES ÉTATS D'EUROPE

Vous tous, grands Souverains des États de l'Europe,
Vous devez comprendre qu'un lugubre horoscope,
Par rapport à votre propre tranquillité,
Est facile à prédire (en toute vérité);
Si vous vous refusez à vouloir accorder

A vos propres sujets le beau Gouvernement
Auquel tous aspirent très positivement :
La République enfin, que doivent désirer
Tous les Peuples sensés de notre époque actuelle,
Qui, fort heureusement, ont assez d'instruction
Pour ne plus consentir à rester en tutelle,
Et ne plus devenir la triste possession
D'un Prince souverain, par le droit d'héritage.
Leur ferme volonté (en cela, ils sont sages) :
C'est de vouloir choisir leurs Gouvernants eux-mêmes :
En cela pouvez-vous, Messieurs les Souverains,
Franchement les blâmer, et puis vouloir vous-mêmes
Leur ôter un tel droit, sacré et puis humain ?
Si c'est votre désir, soyez tous persuadés
Que les plus grands malheurs vous seront réservés
Dans un temps plus ou moins prochain, assurément;
Non seulement pour vous, mais aussi pour les vôtres.
Dans le cas contraire, vous vous rendrez, vraiment,
Aussi honorables que nos anciens apôtres ;
Puisque, pour le civil, vous ferez ce qu'eux-mêmes
Ont fait pour le moral religieux et suprême.
Alors, vous pourrez tous, dans notre histoire humaine,
Être considérés comme les bienfaiteurs
De notre humanité (chose vraiment certaine).
Tous vos noms illustrés jouiront des faveurs
De l'immortalité, et une récompense,
Immense assurément, vous sera accordée
En dehors de la vie actuelle et puis bornée.
Cela, sans aucun doute, est de toute évidence,

Étant absolument conforme à la justice
De la DIVINITÉ qui punit l'injustice.
Rappelez-vous, Princes, que Jésus-Christ a dit :
Malheur aux ambitieux, honneur aux affligés.
En s'exprimant ainsi, le Christ, sans contredit,
A voulu enseigner ces grandes vérités :
C'est que tout incarné, qui veut s'améliorer,
Doit à l'humanité forcément sacrifier
Son intérêt propre, purement personnel.
C'est l'unique moyen pour plaire à l'ÉTERNEL,
Qui, positivement, est notre *unique* PÈRE ; [frères.
Nous sommes donc, vraiment, *vous* et *nous*, de vrais
Mais, alors, pourquoi donc vous arroger le droit
(Absolument coupable et injuste à la fois)
De vouloir gouverner, par un droit d'héritage,
Vos frères qui, souvent, possèdent en partage
Un savoir plus complet et plus moral, enfin,
Que celui possédé par vous tous, Souverains ?
Semblable anomalie, à notre époque actuelle,
N'a plus sa raison d'être, et, positivement,
Des malheurs effrayants, comme pur châtiment,
Vous accableront tous (vérité éternelle);
Si votre ambition, coupable et malheureuse,
Vous décide à vouloir contrecarrer la Loi
Divine du progrès; pur article de foi,
Accepté par nous tous, chose vraiment heureuse,
Et de plus, encore, tout à fait sans réplique.
Avec nous criez donc: VIVE LA RÉPUBLIQUE !

AUGUSTIN BABIN.

3° RÉFLEXIONS RATIONNELLES ET SENSÉES

SUR LES TROIS

GOUVERNEMENTS DE NOS PRÉTENDANTS

Dans ces réflexions, nous allons, chers Lecteurs,
Réduire assurément, à leur juste valeur,
Tous les gouvernements dont notre belle France
A subi autrefois la funeste influence.
Au vrai nombre de trois, ils doivent se compter,
Dont les noms sont vraiment faciles à citer.
Citons, en premier lieu, l'ancienne royauté;
Puis l'Orléanisme, plein de cupidité;
Puis, enfin, l'Empire, l'un des plus misérables.
Le *premier* des trois, le plus longtemps stable,
Ou bien la royauté, a eu l'*ignominie*
De diviser, hélas! les *Citoyens français*,
En nobles et vilains, véritable infamie
Qui causa, en tout temps, tous les plus grands excès.
De plus, encore, il faut vraiment lui reprocher
Son droit d'hérédité que l'on doit mépriser.
La raison en est simple et de toute évidence:
C'est parce qu'en effet, contre toute prudence,
L'héritier présomptif (qu'il fût intelligent

Ou qu'un simple imbécile) était de par la loi
Le *maître souverain*, presque toujours tyran,
Accablant les peuples par de tristes exploits.
A cette époque, hélas! le peuple, en vérité,
Comme un simple bétail était considéré.
Pouvons-nous, dans ce cas, regretter *sensément*
Un aussi funeste, triste gouvernement?...
Le *second*, maintenant, nommé Orléanisme
(De tous le plus avare), a lâchement subi
Dans l'affaire Pritchard un arrogant défi;
Tandis que de sa part, un peu moins d'optimisme
En cette circonstance, aurait eu l'avantage
D'éviter à la France un si funeste outrage.
Mais là n'est pas encore, hélas! ami Lecteur,
Le plus grand reproche que l'on puisse adresser
A tous ses prétendants, qui, plus tard (oh! horreur),
Ont eu l'*ignominie* de venir réclamer
A la France *endettée*, par la Prusse *écrasée*,
La très forte somme de quarante millions.
Après un tel fait, peut-on, en vérité,
Être vraiment Français et avoir l'ambition
De vouloir pour la France un tel gouvernement?...
Maintenant, le *troisième*, infâme absolument,
A eu la lâcheté d'expulser de la France
(A l'aide de moyens d'une extrême impudence),
Dix mille Citoyens des plus patriotiques,
Vraiment dignes de tous les honneurs dits civiques.
Aussi, nos deux Chambres (celle des députés
Et celle du Sénat) ont sagement jugé

Devoir dédommager d'un acte aussi infâme,
Tous les infortunés qui furent les victimes
Du plus *misérable*, du plus *odieux* des crimes.
Mais là n'est pas encore, hélas! l'unique blâme
Que l'on puisse adresser à ce gouvernement,
Ambitieux et, de plus, tout à fait impudent.
En effet, son audace et son orgueil outrés
Lui ont fait commettre, de tous les plus grands crimes,
Très positivement, le plus exagéré,
Dont notre belle France a été la victime.
Après cela, Lecteurs, est-on vraiment Français
En désirant ravoir un tel gouvernement;
De tous, le plus infâme et, positivement,
Tout le plus immoral par ses honteux excès?...
Maintenant, chers Lecteurs, répondez *tous* franchement,
A nos trois demandes, morales assurément.

A. B.

4° VIVE LA RÉPUBLIQUE

OU

LA RECETTE DE LA CUISINE ÉLECTORALE

Voulez-vous, Électeurs, vous servir au besoin
Un plat fort indigeste, exigeant peu de soin?
Prenez un vieux coq né l'année mil huit cent trente,
Lequel est mort phtisique en mil huit cent quarante
Plus huit; puis un aigle d'un plumage commun,
Qui prit naissance l'an mil huit cent cinquante-un,
Et qui, heureusement, poussa son dernier cri
Dans le cours de l'an mil huit cent soixante-dix.
Ajoutez-y, encore, un vieux pot réfractaire
Rempli de conserve fleurs de lys séculaires;
Ensuite almalgamez toute la réunion,
Arrosée d'eau bénite, afin d'avoir liaison,
Alors vous mijotez sur un feu de fagots
De sainte inquisition et puis vous obtenez
Un plat très en faveur chez Messieurs les bigots,
Mais qui, certainement, vous infecte le nez.
Ce beau plat est celui que les réactionnaires
Vous offraient, Électeurs, croyant vous satisfaire.
Mais plus sensés qu'eux tous, vous avez cru bien faire
En prenant la mission de les porter en terre;
Avec le grand désir de pouvoir certain jour,

Déterrer tous ceux qui, auront le bon esprit
De quitter habits vieux, pour prendre pour toujours
L'habit républicain, ou bien autrement dit,
D'accepter franchement et puis loyalement
La RÉPUBLIQUE qui, de tous Gouvernements,
Est la *seule* possible à notre époque actuelle.
Vérité évidente et de plus éternelle,
Ainsi que nous l'enseigne, de toute antiquité,
L'histoire des Peuples les plus civilisés.
Les Peuples, en effet, une fois arrivés
A notre état moral et puis intellectuel,
Sont toujours, chers Lecteurs, forcément amenés
A ce Gouvernement tout à fait rationnel;
Lequel, assurément, est le plus épuré
De tous ceux dont jouit notre humble humanité.
A nous donc, Électeurs, de prendre la défense,
Avec tout dévouement et puis avec prudence,
Dudit Gouvernement qui *seul* nous rend tous *frères*,
But final qu'il nous faut ardemment désirer.
Pour nous tous, qui sommes *enfants* du même *Père*,
C'est un devoir *sacré*, qu'il nous faut *observer*,
Pour pouvoir éviter tous les maux du passé,
Qui font vraiment frémir, en toute vérité.

En effet, l'on peut dire, —
Qu'en tout temps, chers Lecteurs,
Rois et puis Empereurs
Furent du pauvre monde
Des Sangsues se gorgeant,
Sans pitié et sans honte,

Des valeurs en argent
Que peines et travaux
Pouvaient lui procurer.
Aujourd'hui, tous ces maux,
Que l'on doit redouter,
N'ont plus leur raison d'être, avec la RÉPUBLIQUE,
Le vrai Gouvernement (c'est vraiment sans réplique)
Paternel du Peuple et puis son *bienfaiteur*,
Ne songeant qu'à lui plaire et qu'à lui procurer
Ce qui peut l'éclairer et puis l'améliorer;
Dans son propre intérêt et pour son vrai bonheur.
Nous devons donc l'*aimer* et prendre sa *défense*
Contre ses détracteurs et tous les ambitieux,
Dont les tristes projets auraient le but odieux
De vouloir en priver notre *bien-aimée* FRANCE.
A tous ses ennemis, faisons cette réplique,
Qui doit nous unir tous : VIVE LA RÉPUBLIQUE!

A. B.

5° VÉRITÉS SUR LA RELIGION

La religion, Lecteurs, consiste nullement
Dans les cérémonies appelées religieuses,
Qui sont assurément plus mondaines que pieuses,
Et tendent à corrompre (hélas! c'est évident)
Notre *pur* jugement spirituel et sensé,
Et conforme, en tout point, à la pure piété;

Celle qui consiste en *prêches* et en *sermons*,
Tous ayant le vrai but d'instruire et d'enseigner
Tout ce qui se rapporte à la pure raison,
Et tend assurément à nous *améliorer*.
Contentez-vous, *Clergés*, d'enseigner dans vos chaires,
Du Christ les sublimes et vrais enseignements;
Alors, dans ce seul cas, vous serez sûrs de faire
Votre devoir d'apôtre absolument prudent,
Rationnel et sensé, vraiment recommandable;
Dans tous cas contraires vous vous rendez coupables.
Ce n'est pas, croyez-moi! par des *cérémonies*
Plus ou moins mondaines, que vous pourrez vraiment
Remplir les saints devoirs d'un pieux enseignement;
Mais bien par des *sermons*, vraiment pieux, bien sentis,
Et surtout, en tout temps, moraux et puis sensés,
Vraiment conformes à la rationalité.
Car, nous vous le disons, en toute vérité,
Choses contre raison sont toujours insensées,
Et ne pourront jamais accomplir le saint but,
Incombant à tous ceux qui prêchent la vertu.

A. B.

6° VÉRITÉS SUR L'AMOUR SENSUEL

L'amour sensuel, Lecteurs, est vraiment agréable
Et de plus encore tout à fait respectable,
Toutes les fois qu'il a comme but essentiel,

Celui de propager (vrai devoir éternel)
Notre espèce humaine, que nous sommes chargés
D'entretenir, Lecteurs, dans notre humanité.
Dans le cas contraire, c'est une vraie passion,
Purement animale, et qui (nous l'affirmons)
Convient aucunement aux personnes sensées,
Comprenant la mission dont elles sont chargées...
Quant à *ceux* se trouvant dans un âge avancé
Et n'ayant plus d'espoir de pouvoir accomplir
Ce sublime devoir absolument sacré,
Ils ont tout intérêt (il faut en convenir)
D'y renoncer, en plein ; sans quoi, nous le disons,
Avec toute franchise et puis toute raison :
Pour eux n'existeront que des *infirmités*,
Des *douleurs*, des *regrets* et des *calamités*
Q'ils auraient pu, hélas ! grandement éviter,
Si le simple bon sens avait pu les guider.
Avis à la jeunesse,
Avis à la vieillesse ;
Et si vraiment les deux ont la sage prudence
De bien se conformer à ce précieux avis,
Il leur sera, alors, assurément permis
De quitter cette vie avec toute assurance ;
Car la félicité purement spirituelle,
Sera leur partage, dans la vie perpétuelle.

A. B.

7° QUELQUES VÉRITÉS

SUR LE DUEL PAR LES ARMES

ET SUR LA PURE RELIGION NATURELLE

Le duel par les armes, *reste de barbarie*,
Est, dans le siècle actuel, une pure infamie.
Mieux vaut avoir, Lecteurs, recours aux tribunaux
Chargés de réparer parmi nous tous ces maux.
Si cela, cependant, ne peut pas nous suffire,
Il nous faut, dans ce cas, pour vouloir en finir,
Avoir recours au *duel uniquement moral*,
Tout autre étant, pour nous, tout à fait immoral.
Ce *duel* est celui-ci : *c'est alors de sommer*
Celui qui se sera permis de nous frapper,
Sans motif valable tout naturellement,
A nous accompagner tout aussi promptement
Que les circonstances alors le permettront,
Dans une ville que, sans doute, nous saurons
Fortement éprouvée par une maladie
Très pestilentielle ; consacrant notre vie
Aux soulagements des pauvres pestiférés,
Et cela, tout le temps qu'on aura désigné.
L'on peut être assuré qu'avec ces conditions,
Pas un seul duelliste voudra nous insulter.
D'après cela, c'est donc, nous le reconnaissons,

Le meilleur moyen de se faire *respecter.*
Si nous sommes vraiment religieux, puis sensés,
Il nous faut forcément choisir ce procédé.

— Maintenant, chers Lecteurs, de la vraie religion,
Pure et puis naturelle, il nous faut vous parler,
Et vous dire qu'elle est, avec toute raison,
La seule véritable et qui doit nous guider ;
Si de la société nous désirons vraiment
L'amélioration absolument morale,
Laquelle est, sans doute, toute la principale.
D'abord, nous vous dirons, qu'elle est assurément,
Celle qui nous prévient, que la croyance en DIEU
Est le premier devoir et puis le plus précieux
Incombant, ici-bas, à tous Êtres humains,
Qui tous, sans exception, sont ses enfants, enfin ;
Qui nous fait connaître ses attributs immenses,
Lesquels sont les suivants : *Éternel* et *Immuable*,
Unique, *Immatériel* et puis *Toute-Puissance*,
Tout à fait *Juste* et *Bon*, tout à fait *Adorable*.
Tels sont *ceux*, en effet, que nous reconnaissons
Devoir appartenir à la DIVINITÉ,
Qui ne doit les avoir tous en sa possession,
Qu'au suprême degré, comme elle a la bonté.
Puis, *celle* qui nous dit : que l'âme est immortelle
Et que, par conséquent, hors de la vie actuelle,
Elle a, pour son bonheur et sa félicité,
La vie spirituelle pour toute éternité.
Celle, enfin, qui nous dit, qu'après la vie actuelle

L'attend l'allégresse purement spirituelle,
Si toutefois elle a le très grand avantage
D'accomplir, ici-bas, la sublime mission
Qui lui est imposée, puis donnée en partage.
Dans tous cas contraires, aujourd'hui nous savons
Que, hors de cette vie, l'attend la punition,
Si, malheureusement, elle a la prétention
De vouloir s'exempter des devoirs imposés
A tous Êtres humains, par la DIVINITÉ.
C'est, dans le premier cas, la progression pour elle,
Autrement dit la vie plus heureuse et plus belle ;
Et, dans le second cas, c'est à recommencer
Ce qui pour elle alors, ne peut que l'affliger.
Simple en est la raison : c'est que recommencer
C'est se voir obligé, alors, de réparer
Ce que l'on a mal fait, les fautes du passé ;
Réparation juste, en toute vérité.
Pour cela, de nouveau lui faudra s'incarner
Sur le même globe qu'elle a déjà quitté ;
Ce qui l'obligera, encore, à supporter
Les mêmes souffrances que dans ledit passé.
Faisons bien ici-bas, et nous éviterons,
Dans les incarnations qu'il nous faudra subir,
Des malheurs aussi grands et que nous redoutons ;
Du vrai bonheur, alors, tous nous pourrons jouir.

A. B.

8° LES DEUX FUNESTES FLÉAUX

Deux tristes principes, tout à fait regrettables
Et qui sont des fléaux pour notre humanité,
Ont la prétention, vraiment des plus coupables,
De vouloir s'imposer dans la société.
Tous les deux immoraux et des plus misérables,
Encourant le mépris des gens recommandables,
Doivent, avec horreur et un profond dédain,
Être mis à l'index de notre genre humain.
Ces principes, Lecteurs, sont vraiment les suivants :
L'athéisme d'abord et son extrême ensuite,
Consistant à *fausser* les très beaux sentiments
Existant dans tous ceux qui ne sont pas jésuites.
Car la ferme croyance en un DIEU Créateur,
Absolument unique et *Seul Dispensateur*
De tout en général, est l'*unique* salut ;
Elle *seule* pouvant vraiment régénérer
Notre société, ce qu'on doit désirer ;
Ce qui doit être enfin, le véritable but
De tous Êtres humains, honnêtes et sensés,
Et vraiment détachés de l'animalité.
Dans tous cas contraires, *l'homme* est un animal
Qui ne peut, chers Lecteurs, produire que le mal,
En détruisant en plein, dans toute société
De notre imparfaite puis pauvre humanité,

Tout ce qui peut vraiment, tendre à *l'améliorer*.
Cette vérité-là, certes, est éternelle
Et devrait suffire pour pouvoir enseigner.
A nos *Législateurs* de notre époque actuelle,
Le devoir *absolu* et puis vraiment *sacré*,
De ne jamais dire, comme c'est arrivé (1),
Qu'ils font partie de *ceux* qui se disent *athées* ;
Véritable crime de Lèse-humanité.

A. B.

9° UTILITÉ DU DIVORCE LÉGAL

Le *divorce*, Lecteurs, est l'acte très sensé
Par lequel s'opère la rupture légale
Et puis, de plus encore, absolument morale,
De tout mariage étant défectueux et troublé,
N'offrant aucun accord entre les deux époux
Ce qui (vous l'avoûrez) pour les deux n'est pas doux,
Et ne peut engendrer que trouble et que discorde
Dans toute la famille où personne s'accorde.
C'est même quelquefois, la vraie cause première
Du complet déshonneur de la famille entière.

---

(1) Cet aveu regrettable, et vraiment des plus coupables, s'est produit en pleine Séance du Sénat, le 23 mars 1882. Pour la société tout entière, c'est vraiment *triste* et *déplorable*. *Espérons qu'un pareil scandale ne se renouvellera plus; l'honneur et le salut de notre bien-aimée FRANCE en dépendent.*

A. B.

Sans doute, ces motifs ont de tout temps paru
Grandement suffisants et même beaucoup plus,
Pour permettre aux époux, vraiment antipathiques,
Une séparation *légale* et *régulière*
Rendant à tous les deux, leur liberté entière ;
Ce qui est rationnel, moral et sans réplique.
Aussi peut-on dire que son institution
Est des plus anciennes dans notre humanité.
En effet, nous savons qu'il était pratiqué
Chez les Juifs primitifs, dans toute la Nation
Des anciens Égyptiens, puis dans la Grèce enfin,
Qui fut jadis puissante et vraiment éclairée.
A Rome, encore, il fut tout à fait consacré
Par le droit tant ancien que nouveau des Romains,
Composant la Nation la plus grande du monde,
Par son intelligence et sa science profonde.
Les Chrétiens eux-mêmes, de la séparation
Absolue des époux, sous la domination
Puissante des Romains, pratiquaient cette loi;
Ainsi que l'historien Saint-Justin en fait foi.
L'on peut même dire, que cette loi morale
Dans toutes les Gaules persista fort longtemps,
Même après l'invasion des Peuples nommés Francs.
En veut-on des preuves ? Voici la principale :
C'est que, parmi les rois de notre ancienne France,
Plusieurs ont eu recours, sans remords de conscience,
A cette loi morale et vraiment très sensée.
Exemple : Charlemagne et les deux rois suivants :
Louis dit le Bègue, puis l'autre s'appelant

Louis également, mais le Jeune nommé.
Enfin, reconnaissons qu'il ne fût aboli
Qu'en onze cent quatre-vingt-treize par l'Église,
Ou une décision papale autrement dit ;
Laquelle, à cette époque, amis Lecteurs, fut prise
        A la juste occasion
        De la seconde union
Du roi Philippe-Auguste, assurément coupable (1) ;
Du moment qu'il donnait un exemple exécrable,
A tout son entourage et à tous ses sujets.
Sans doute, à cet égard, seigneur pape eut raison ;
Mais où il a eu tort, c'est que sa décision
A produit, pour le sûr, les plus tristes effets ;
C'est encore en voulant, chers Lecteurs, s'appuyer
Sur *ce précèpte* faux et vraiment insensé :
« Que l'homme en aucun temps ne doit se séparer
« De ce qui fut uni par DIEU, en vérité ».
Ce dit précepte est *faux* et de plus *immoral*
Étant, en même temps, vraiment *blasphématoire*.
La preuve, la voici : c'est qu'il se trouve avoir
Aucun rapport avec cet autre plus moral,
Absolument Biblique, où il est dit que DIEU,
En mettant sur la terre, après leur déchéance,
L'homme et puis la femme, tous les deux en présence,

---

(1) En effet, ce roi, tout Auguste qu'il fût, fit, à cette occasion, un acte déplorable et vraiment immoral, en répudiant sa première femme, Ingelburge, princesse danoise, trois mois *seulement* après son mariage, pour épouser en seconde noce Agnès de Méranie, qui mourut de chagrin peu de temps après avoir été elle-même répudiée par lui, pour reprendre sa première femme.....

Leur dit ces simples mots, infiniment précieux
Et tout à fait divins : *Croissez, multipliez.*
Ce *précepte* est beaucoup plus moral, plus sensé
Que celui de l'Église et puis (vous l'avoûrez)
Condamne absolument (c'est une vérité)
Les unions stériles, ou bien en désaccord
Absolu et complet. Au surplus, tout d'abord,
Nous ferons remarquer cette autre vérité :
C'est que le *divorce* bien *régularisé*
Est tout à fait moral et puis humanitaire
Au suprême degré, c'est vraiment arbitraire.
Il est humanitaire, en ce sens, cher Lecteur,
Qu'il peut, le plus souvent, augmenter la valeur
Croissante et *multiple* de notre humanité,
Tout en lui conservant toute sa pureté,
Puis sa moralité ; ce qui doit nous paraître,
Être vraiment moral et le parfait bien-être.
Dans le cas contraire, *l'union indissoluble*
Ne peut que lui être désastreux au centuple
Et sous tous les rapports ; cela, c'est évident,
Et, de plus encore, tout à fait affligeant.
En effet, chers Lecteurs, nous vous le demandons,
La main sur la conscience, avec toute raison :
Est-il plus *rationnel*, plus *moral*, plus *sensé*,
Plus *humain*, en un mot, de vouloir exiger
Que deux pauvres époux, ayant (en vérité)
Deux caractères qui ne peuvent s'accorder
(Étant l'un à l'autre des plus antipathiques),
Soient unis ensemble, durant leur existence

Tout entière ici-bas? La plus simple prudence
Et la morale, enfin (c'est vraiment sans réplique),
Condamnent tout à fait ce principe exécrable
Qui ne peut qu'engendrer entre les deux époux
Qu'un désaccord complet, tout à fait déplorable,
Obligeant forcément les deux susdits époux,
A faire un ménage troublé, puis séparé,
L'un ayant sa maîtresse et l'autre son amant;
Ce qui se voit, hélas! dans notre humanité
(Il nous faut l'avouer) par trop souvent, vraiment.
D'où, certes, résultent, dans toute union semblable,
Deux bâtards différents, *et cœtera*, Lecteurs...
Avis donc à Messieurs tous nos Législateurs,
S'ils veulent purifier (chose recommandable)
Notre société, beaucoup trop éprouvée
Par ce *dévergondage*, absolument hideux
Et puis, certainement, absolument honteux;
Vous l'avoûrez, Messieurs, pour notre humanité.

A. B.

10e QUESTION A RÉSOUDRE

Quel est, amis Lecteurs, dans notre humanité,
Le plus grand des malheurs et le plus redouté?
C'est, dirons quelques-uns, toutes les maladies
Vraiment contagieuses et de plus ennemies

Funestes pour la vie purement matérielle ;
L'étant aucunement, pour la vie spirituelle,
Qui nous attend après l'instant momentané
De notre vie actuelle, assurément bornée.
Cette définition, il nous faut l'avouer,
Nous paraît très sensée et puis très naturelle,
Si nous considérons la vraie vie matérielle
Comme celle qui doit le plus nous occuper;
Ce qui, chez l'animal (c'est vraiment naturel)
Est, nous le comprenons, purement l'essentiel.
Mais pour l'*homme* vraiment spirituel et sensé,
Cette définition nous paraît insensée
Et, de plus encore, passablement infâme,
Du moment qu'elle met l'existence de l'*âme*
Au même niveau que *celle* des animaux;
Ce qui, vous l'avoûrez, pour nous tous n'est pas beau,
Et, de plus, nous paraît absurde absolument.
Nous devons donc alors, très positivement,
Lui donner cette juste et vraie définition,
Qui nous paraît conforme à la pure raison :
C'est que, pour l'Être humain, le plus grand des malheurs,
Celui qui, franchement, fait verser bien des pleurs,
C'est d'être influencé par le Matérialisme,
Qui prétend nous réduire à l'état animal.
A tous ses partisans, laissons cet optimisme
Qui les réduit, vraiment, au pur état bestial;
État, sans aucun doute, qui comble leur désir.
POUR CE QUI LES CONCERNE, POURQUOI LES CONTREDIRE?...

A. B.

11° PETITE ALLOCUTION

ADRESSÉE PAR LES HABITANTS D'UNE COMMUNE A MONSIEUR LEUR CURÉ

Monsieur notre Curé, en toute vérité,
Est-ce de votre part un acte très sensé,
Et utile vraiment, à notre humanité,
De mettre la *vertu* dans la *virginité*?...
Ce *vœu*, de votre part, n'a pas sa raison d'être,
Et de plus est, encore, absolument coupable;
Puisqu'il vous oblige, par trop souvent peut-être,
A faire des actes tout à fait condamnables,
Et, de plus encore, certainement honteux,
Ainsi que l'ont prouvé des procès malheureux.
Renoncez à ce *vœu*, Monsieur notre Curé,
Prenez femme et ayez des enfants *légitimes;*
Alors, dans un tel cas, vous serez assuré
De remplir des devoirs absolument sublimes,
Et de plus, encore, votre mission sacrée
(Que vous pourrez remplir très convenablement),
Par tous vos ouailles, sera très vénérée.
Cette *conséquence,* très grande assurément,
Monsieur notre Curé, devrait vous décider
(Ce que nous disons là est à considérer)
A suivre ce conseil, absolument prudent,
Et donné (croyez-nous) tout fraternellement.

Si, de vos Supérieurs, vous craignez la critique
Dites-leur qu'une loi, reconnue catholique
(Très ancienne, il est vrai; mais toujours existante)
Vous autorise en plein à contracter mariage.
Et si, malgré cela, ils ont le *faux* courage
De vouloir condamner votre action très prudente :
Ayez recours, alors, au MINISTRE des Cultes,
Qui vous protégera et saura bien défendre
Votre cause, *par tous*, reconnue des plus justes.
Son devoir l'y oblige, et ce serait se rendre
Absolument coupable, s'il avait l'imprudence
De renoncer à prendre votre *juste* défense.

A. B.

12° LE DÉFI PACIFIQUE (1)

A Messieurs les Membres du Clergé catholique,
Nous pouvons hardiment leur porter ce *défi*,
Purement *fraternel* et de plus *pacifique;*
Du moment que son but (sensément défini)

---

(1) Le titre de *pacifique*, convient d'autant plus à ce *défi*, qu'il tend (ainsi que nous le disons) à faire accepter avec sincérité, la *sublime* et *rationnelle* Doctrine de Jésus-Christ. En effet, une fois cette *sublime* et *consolante Doctrine* acceptée franchement et sincèrement par *tous*; ce serait la *paix générale* dans notre société tout entière. *Nous avons donc raison de lui donner cette qualification.*

A. B.

Tend à faire accepter, avec sincérité,
La Doctrine du Christ, qui, positivement,
Est semblable à *celle*, Spiritisme appelé.
Ce *défi*, chers Messieurs, est certes le suivant :
Qu'un de vous se décide à vouloir critiquer
Les grandes vérités dont il est fait mention
Dans cette Brochure, que la pure raison,
Très positivement, nous a fait composer.
Il verra, aussitôt, que le public sensé
Le considérera comme étant un athée.
Maintenant, chers Messieurs, *voyez*, *examinez*,
Et, de plus encore, surtout *réfléchissez*...

A. B.

13° RÉFLEXIONS TRÈS SENSÉES

SE RAPPORTANT A

NOTRE DÉFI PACIFIQUE

Dans notre Brochure, justement appelée
Les Deux Antipodes ou pur Christianisme
Opposé à l'impur et faux Catholicisme,
Ou l'eau et le feu (c'est une vérité),
Nous avons adressé un *défi pacifique*

A Messieurs les MEMBRES du Clergé catholique (1).
A ce défi moral, aucun n'a répondu :
D'où nous devons conclure, avec toute assurance :
Que, comme *anti-chrétiens*, tous se sont reconnus.
De leur part, c'est vraiment agir avec prudence...
Peut-être, amis Lecteurs, vous me direz ceci :
S'ils n'ont pas répondu à votre dit défi,
C'est parce que, sans doute, il leur est inconnu.
    Lecteurs, votre objection
    (Nous le reconnaissons)
Aurait une valeur tout à fait absolue,
Si tous Messieurs nos très vénérés Archevêques
Ainsi que tous Messieurs nos vénérés Évêques,
Et puis vingt-six Membres principaux de l'Index,
Y compris le pape vénéré LÉON treize,
N'avaient reçu chacun (franco et comme hommage)
Notre dite Brochure, assurément très sage;
Du moment que son but est de les ramener
Dans la voie du salut, qui doit tous nous guider;
Celle que Jésus-Christ, dans les quatre Évangiles,
Constamment désigne comme des plus utiles.
    D'après cela, certainement,
    Lecteurs amis et bienveillants,

(1) Un exemplaire de cette Brochure a été adressé à tous Messieurs les Archevêques et Évêques français, le 6 mars 1883, et puis, ensuite, le 13 juin suivant, à vingt-six des principaux MEMBRES de l'Index, y compris Monseigneur le Pape LÉON XIII. — Concernant notre *versification*, consulter les pages 9 à 16 de l'un quelconque de nos deux *Poèmes psychologique* et *astronomique*. Prix : 1 fr. et 1 fr. 45 c. (franco).

N'a pas sa raison d'être, alors, votre objection;
Le contraire existant pour cette allocution
Adressée à tous nos vénérés Archevêques,
Ainsi qu'à tous Messieurs nos vénérés Évêques,
Y compris les MEMBRES principaux de l'Index,
Et, surtout, Monseigneur le Pape LÉON treize.

ALLOCUTION

Conformez-vous, Messieurs (avec sincérité),
Aux très purs préceptes de l'Esprit bien-aimé;
De Jésus-Christ enfin, dont les enseignements
(Sublimes, très moraux et surtout très sensés)
Doivent être, *par vous*, franchement acceptés.
Alors, dans un tel cas, très positivement,
Nous nous engagerons à ne plus discuter
Les dogmes immoraux de l'anti-Christianisme;
Autrement dit, Messieurs, du dit Catholicisme,
Que le simple bon sens devrait vous engager
A vouloir modifier, dans le sens très sensé
Des saints Évangiles par vous tous acceptés.
Dans le cas contraire, vous dire apostoliques,
Ne peut vous convenir; c'est vraiment sans réplique.
De là, nous concluons : *que le Catholicisme*
Doit être remplacé par le pur Christanisme,
Si vous avez, Messieurs (en toute vérité),
Le vrai désir de plaire à la DIVINITÉ...
Ce *désir*, sans doute, chez vous tous, Messeigneurs,
Devrait assurément, tout à fait *dominer*.
Comment se fait-il donc, qu'aucun de vous, Messieurs,

Se décide à vouloir franchement modifier,
Du Clergé dit romain, les faux enseignements
Tout à fait opposés au plus simple bon sens?
Modifiez-les, Messieurs, ou bien pour des païens
Vous passerez vraiment, soyez-en tous certains;
Du moment que tous vos pieux enseignements
Sont (nous le répétons) l'opposé du bon sens.
Ce que nous disons là, Messieurs nos Archevêques,
Et puis vous tous, Messieurs nos vénérés Évêques,
Y compris les Membres principaux de l'Index,
Et, surtout, Monseigneur le Pape Léon treize,
Devrait, assurément, vous faire réfléchir
Et de plus encore, vous faire *tous* frémir.
Car enfin, franchement, tous vos enseignements
Ne pouvant engendrer, très positivement,
          Que l'impie bigotisme,
          Ou le matérialisme,
Ou bien encore, enfin, le Bramanisme ancien,
Un peu enté sur le Paganisme romain;
Votre conscience doit, en cette circonstance,
Être peu tranquille, troublée, puis vraiment
Epouvantée par le très affreux châtiment
Que toute hypocrisie (hors de cette existence)
Devra, hélas! Messieurs, assurément subir.
Pour tous les coupables, cela nous fait frémir.
Réfléchissez, Messieurs, rentrez tous en vous-mêmes,
Et vous voudrez, alors, plaire à l'ÊTRE SUPRÊME;
En remplaçant votre très faux Catholicisme,
Par le très rationnel et très pur Christianisme.

Au surplus, Messeigneurs, soyez tous persuadés
Que si nous critiquons vos dogmes insensés :
Ce n'est pas pour vous *nuire*, ou bien pour vous *blesser*
(Sentiments qui, chez nous, ne peuvent exister);
Mais pour vous garantir des souffrances horribles,
Dont, positivement, *vous tous serez passibles*
Au sortir de la vie actuelle et puis bornée,
Si, malheureusement, vous avez la pensée
De vouloir persister à ne pas modifier
Vos dogmes *immoraux*, qui vous font *blasphémer*.

AUGUSTIN BABIN.

14° LES DEUX FAUSSAIRES

Il existe, Lecteurs, dans notre humanité
(De tous maux affligée), deux sortes de faussaires;
Tous les deux, l'un à l'autre, absolument contraires
Et, de plus, honorant fort peu la société,
Dont ils sont (disons-le) la partie gangrénée,
Et de plus, encore, tout à fait détestée.
L'ún peut être cité par le nom de civil,
Et puis l'autre doit être appelé religieux;
Nom sacré pour nous tous, aucunement pour eux.
Lequel des deux, Lecteurs, est vraiment le plus vil,

Et le plus horrible de tous les vices humains?
Cette question serait tout de suite tranchée,
Adressée à Messieurs les MEMBRES du clergé,
Qui se dit catholique, absolument romain (1),
Et qui, sans aucun doute, est vraiment religieux
Comme tous les *Païens* autrefois l'ont été,
C'est-à-dire n'ayant qu'une fausse piété;
Ce qui, assurément, est tout à fait odieux.
Adressée, maintenant, à des civils athées :
Cette dite question serait, assurément,
Par eux tous tranchée tout aussi promptement,
Et cela, dans le sens de tout le dit clergé.
Quelle est la conclusion que nous devons, Lecteurs,
Tirer de cet accord, entre gens qui, d'ailleurs,
Paraissent opposés entre eux absolument?
Cette conclusion-là est simple évidemment :
C'est que l'*hypocrisie* sert de base aux premiers,
Et qu'une *ignoble erreur* sert de guide aux derniers
Dans un tel cas, Lecteurs, quels sont les plus coupables?

---

(1) Quant à vouloir porter le nom d'apostolique :
Nous leur avons donné, dans nos *deux antipodes*,
Des preuves par eux tous acceptées sans réplique,
Que ce beau nom, pour eux, est nullement de mode.
Cependant, tous Messieurs nos vénérés Évêques
Ainsi que tous nos très vénérés Archevêques,
Y compris, ensuite, vingt-six des principaux
Et des plus influents MEMBRES de leur Index,
Et de plus, encore, le Pape LÉON treize,
En ont reçu chacun un volume en cadeau;
Le Quinze Juin mil huit cent quatre-vingt-trois,
Désignant la date de notre dernier envoi.

A. B.

A vous tous appartient le droit de décider;
Notre devoir étant de nous en rapporter
A votre décision, pour nous très respectable.
Enfin (pour en finir), adressée à nous-même,
Ou bien encore à vous, ce qui revient au même :
Cette dite question, d'après nos réflexions,
Recevrait pour le sûr la même solution.
Car, enfin, pour nous tous, le *faussaire civil*
Des deux, assurément, est vraiment le moins *vil*,
La raison en est simple, et de plus concluante :
C'est que l'un se trompe, sans en avoir conscience;
Tandis que l'autre n'a qu'une fausse croyance
Qui le rend hypocrite, et puis (chose évidente)
Par cela même, enfin, le rend le plus coupable.
Ce raisonnement-là paraît seul acceptable,
Et sera, sans doute, par vous tous accepté
Comme étant l'exacte, puis pure vérité...

AUGUSTIN BABIN.

15° LE NOUVEAU CONCILE

(JUIN 1883)

A vous tous, Messeigneurs, nous nous permetterons
D'adresser cette humble, puis urgente supplique
Absolument chrétienne et (nous le déclarons)
Conforme au pur bon sens, vraiment honorifique :

Décidez entre vous, que très prochainement
Un Concile nouveau, plus sage et plus prudent
Que votre précédent, y compris tous les autres,
Devra se réunir sous forme œcuménique,
Dans un endroit quelconque, accepté par vous tous.
Dans ce Concile, alors (vraiment œcuménique),
Vous pourrez réparer les erreurs qui, par nous,
Vous sont énumérées, avec lucidité,
Dans notre brochure, sagement appelée :
Les deux antipodes ou le Catholicisme
Tout à fait opposé au très pur Christianisme,
Ou bien l'eau et le feu
Qui s'entendent fort peu.
Alors la société, absolument entière,
Vous devra le plus grand, le plus heureux bienfait
Qu'elle est susceptible d'éprouver sur la terre;
Tout autre ne pouvant l'égaler, en effet.
Sa reconnaissance, tout à fait absolue
(Laquelle vous sera positivement due
Moralement parlant) vous récompensera
De votre abnégation sublime et très louable.
Cette récompense, sans nul doute, devra
A vous tous, Messeigneurs, paraître suffisante;
Car, enfin, le vrai but de la mission sacrée
Par vous tous, Messeigneurs, franchement acceptée :
C'est que la société absolument confiante
(*Par pure conviction et non par ignorance*),
PUISSE AVOIR, EN VOUS TOUS, UNE GRANDE CONFIANCE.

A. B.

16° LE NOUVEAU CONCILE PROJETÉ (1)

Honneur à Monseigneur le Pape Léon treize,
Dont les bons sentiments et la grande sagesse
Ont su apprécier dans nos *deux antipodes*
Les grandes vérités, tout à fait à la mode,
Que nous avons citées dans ce petit ouvrage;
Lesquelles, sans nul doute, ont dû l'impressionner,
Le faire réfléchir et puis le décider
A vouloir réunir (décision vraiment sage)
Un Concile nouveau des plus œcuméniques,
Destiné à *renier* les dogmes catholiques
Tout à fait *immoraux*, et puis de plus, enfin,
Très positivement, hélas! *anti-chrétiens.*
Bravo, bravissimo, vénéré Monseigneur,
De notre humanité le réel *bienfaiteur;*
Si, positivement, votre bon cœur de père
(Spirituel et moral de notre humanité),
Vous donne le courage et puis la volonté
De vouloir proposer et, de plus, exiger

---

(1) Comme preuve de ce que nous avançons, nous allons citer l'article suivant, extrait de l'important journal quotidien, *La Paix*, numéro du 6 septembre 1883 :

ITALIE

Suivant les informations du *Freindenblatt*, le Vatican a l'intention de convoquer à Rome, pour le mois de novembre prochain, une réunion d'évêques de toutes les parties du monde. Le pape désire conférer avec les prélats sur la conduite ultérieure à suivre pour maintenir et consolider paix entre l'Église et les divers États.

Que les dogmes susdits, par trop blasphématoires,
Soient tout à fait *reniés* par votre Consistoire.
Dites à tous ses Membres, très vénéré saint-père,
Qu'en refusant, hélas! de vouloir renoncer
A des dogmes qui sont actuellement honteux,
Et puis, assurément, des plus irreligieux :
C'est désirer plonger, tout comme les grenouilles, —
Dans une eau bourbeuse, tout en restant bredouilles...
Évitez, Messeigneurs, un semblable malheur,
Pour vous, d'abord, et puis pour notre humanité,
Qui compte sur vous tous, pour avoir le bonheur
De vous voir tous chrétiens, en toute vérité.
Au surplus, Messeigneurs, du clergé dit romain,
Nous allons vous donner, pour votre unique bien,
Un conseil fraternel, absolument sincère ;
Conforme à la raison, c'est vraiment arbitraire.
Ce conseil très moral, conforme à la prudence,
Est le suivant, tout plein de grande bienveillance :
« *Consentez, Messeigneurs, à vous faire chrétiens;*
« *Sinon, vous resterez, hélas! toujours païens*
« *Et puis idolâtres, adorateurs d'images;*
« *Conduite, assurément, tout à fait des moins sages.* »
Ce conseil est celui d'un véritable ami,
Pour votre *vrai* bonheur, ayant un grand souci,
Et qui croit qu'en vous tous, doit vraiment exister
Quelque chose de bon, qui doit vous engager
A reconnaître, avec toute reconnaissance,
Que notre conduite est pleine de bienveillance
Pour vous tous, Messeigneurs; si la vraie religion

Est votre *unique* but, et puis *seule* ambition.
En effet, vous devez forcément reconnaître
Que notre unique but est de vous engager
A devenir chrétiens, à ne plus enseigner
Des dogmes qui, vraiment, n'ont plus leur raison d'être,
En cela, Messeigneurs, pouvez-vous sensément
Critiquer et blâmer le très pur sentiment
Qui nous porte à vouloir votre amélioration,
Dans l'intérêt, d'abord, de notre humanité,
Par vos enseignements beaucoup trop affligée;
Et puis, après cela (comme il est de raison),
Dans votre intérêt propre, hélas! trop compromis
Par vos dogmes obscurs, tout à fait incompris.
Notre conduite, alors, mérite, Messeigneurs,
D'être approuvée par vous, si, positivement,
Pour tous nos bons conseils, tout à fait des meilleurs,
Vous êtes tous, Messieurs, un peu reconnaissants...

AUGUSTIN BABIN.

FIN DE CETTE BROCHURE

NOTA

Les deux articles suivants ont pour but de faire comprendre à tous Messeigneurs les Prélats catholiques et, surtout, à notre très vénéré Saint-Père, le Pape Léon XIII, l'extrême et on ne peut plus regrettable *inconvénient* qui, forcément, devra résulter de toute *persévérance* et *obstination*, de leur part, à ne pas vouloir *réformer* tout ce qu'il y a de défectueux dans le Catholicisme, absolument opposé au *pur* Christianisme. Que le prochain Concile qui doit se réunir au mois de novembre de l'année courante, 1883, renonce aux dogmes catholiques, qui pouvaient avoir leur raison d'être du temps jadis, et qui, aujourd'hui, sont positivement *blasphématoires*. Alors, tous ses Membres *seront assurés de passer pour les plus grands bienfaiteurs de notre humanité terrestre*, à notre époque actuelle, et, autour d'eux, les *louanges* les plus sincères et l'*extrême reconnaissance* éclateront de toutes parts. D'un côté, se trouve le *mérite* et la *gloire*, de l'autre, la *honte* et l'*infamie*. A vous tous, Messeigneurs, de choisir !...

A. B.

17° LA PERSÉVÉRANCE

Dans le *vrai*, le plus beau : c'est la *persévérance*
Qui devient, dans ce cas, une vertu immense.
Dans le *faux*, au contraire, elle est des plus coupables,
Tout à fait méprisée et des plus misérables ;
Ne méritant, enfin, que le profond mépris
De tous cœurs honnêtes, n'ayant aucuns soucis.

Cette dernière, hélas! assurément consiste
A vouloir enseigner des dogmes *malheureux;*
Tout à fait *immoraux*, positivement *tristes;*
Remplis d'*absurdités* et forcément *odieux*,
Du moment qu'ils sont tous vraiment BLASPHÉMATOIRES.
Est-ce que, par hasard, pour tout notre Clergé
Le BLASPHÈME *serait vraiment que de dérisoire,*
La religion qu'un leurre, et sa fausse piété,
Un simple marchepied pour mieux acccaparer
La fortune d'autrui, les honneurs, le pouvoir?...
Pour sûr, sa conduite forcément le fait croire
Et de plus, encore, nous fait désespérer
De pouvoir obtenir une amélioration
Dans son enseignement, contraire à la raison.
Cependant, chers Lecteurs, la plus simple prudence
Devrait le décider, en cette circonstance,
A vouloir modifier ses dogmes *insensés*,
Tout à fait *immoraux*, tout plein d'*absurdités*;
Lesquels (en vérité) le font trop *blasphémer*.
Crime que ses MEMBRES devraient *tous* regretter,
Et qui, sans nul doute, devrait les faire frémir,
Et puis leur inspirer le sincère désir
De vouloir éviter, tout autant que possible,
Une déconfiture absolument amère,
Tout en nuisant à la Société tout entière;
Ce qui vraiment, hélas! est tout à fait horrible...
Si leur déconfiture est sans valeur pour eux :
Est-il *juste* et *sensé* que leur persévérance
Devienne la cause des accidents affreux

Dont est la victime notre *bien-aimée* FRANCE (1)?
Assurément, Lecteurs, en cette circonstance,
Leur conduite manquant de toute bienveillance,
Ne produira, plus tard, que la plus grande horreur,
Le plus profond mépris, dans notre humanité,
Que *tous* auront, alors, le regrettable honneur
D'avoir sacrifié, sans aucune pitié.
Messeigneurs de l'Index, soyez tous persuadés
Que tous vos ouailles, une fois éclairés,
Vous rendront au centuple, et de plus sans pitié,
Tous les maux que, par vous, ils auront éprouvés.
Dans ce cas, Messeigneurs, votre triste ambition
Subira, justement, la peine du talion...

A. B.

18° L'OBSTINATION REGRETTABLE

POUR

NOTRE HUMANITÉ

Depuis longs jours, hélas ! nous demandons en vain,
Au Clergé catholique de se faire *Chrétien.*
Est-ce que, par hasard, ses MEMBRES imprudents
Auraient la prétention de vouloir persister

---

(1) Ce que nous disons ici pour la France, existe, malheureusement que trop également, pour les autres Nations de notre humanité tout entière. A notre époque actuelle, c'est triste et déplorable, chers Lecteurs ; aussi, si Messieurs les Prélats refusent de se faire véritablement Chrétiens, est-ce le devoir de tous les gens sensés de les considérer comme les *parias* de notre humanité terrestre.

(Chose infâme et triste, qu'il faudrait regretter)
A toujours conserver leurs faux enseignements?
Prenez garde, Messieurs, l'instruction populaire
Augmentant chaque jour, finira par vous faire
Les *parias* de notre moins faible humanité;
En attendant que votre *impie* obstination,
En dehors d'ici-bas, reçoive sa punition;
Conséquence absolue, en toute vérité,
Du progrès incessant et de plus rationnel
Établi par les Lois du Seul ÊTRE éternel
Que vous persisterez à vouloir blasphémer,
Si vous vous obstinez à ne pas modifier
Vos dogmes insensés, anti-spirituels,
Et de plus, encore, vraiment irrationnels.
Modifiez-les, Messieurs, ou, positivement
(Soyez-en tous certains), tous vos enseignements,
Tout à fait *immoraux* et puis *anti-chrétiens,*
Seront tous regardés comme ne valant rien;
Et cela, dans un temps tout à fait rapproché,
Pour le réel bonheur de notre humanité.
Dans le pur intérêt de dite humanité,
Dussions-nous, Messeigneurs, être, hélas! condamné,
Nous vous le demandons, avec toute franchise :
Poursuivez-nous, Messieurs, par-devant la justice,
Et puis vous passerez pour être des *païens,*
Véritables parias pour tous les bons chrétiens.

AUGUSTIN BABIN.

MOYEN LE PLUS EFFICACE

POUR

NOUS CORRIGER DE TOUS NOS DÉFAUTS

Ce moyen, réellement des plus efficaces, consiste dans l'emploi consciencieux et constant du tableau synoptique moral de la page 77; lequel tableau a pour but de permettre à toute personne qui désire s'améliorer, de faire en peu temps, et cela à la fin de chaque jour, le relevé des fautes dont elle a eu le malheur de se rendre coupable dans la journée écoulée.

Dans ce dit tableau, le chiffre conventionnel approprié à chaque semaine, est l'une des neuf unités de nombre de 1 à 9; la première unité désignant la première semaine, etc. D'après cela, on peut se servir de ce tableau synoptique moral pendant neuf semaines de suite, tout en conservant son extrême netteté.

Pour se servir avantageusement de ce dit tableau, il suffit, chers Lecteurs, de marquer de l'un de nos signes conventionnels appropriés à chaque semaine, la case corespondant à la qualité opposée à la faute commise. Puis, à la fin de chaque semaine, si nous faisons le relevé de toutes nos fautes commises, par ce moyen nous apprendrons à connaître, en peu de temps, les défauts auxquels nous sommes le plus susceptibles de succomber.

Avantage immense qui nous permettra de porter, par la suite, toute notre attention sur ces mêmes défauts, afin de mieux les éviter; ce qui nous sera facile, pour peu que nous en ayons le désir et la volonté tant soit peu persistante.

Pour bien comprendre, chers Lecteurs, *l'extrême importance* des conseils sus-désignés, nous vous engageons à consulter très attentivement notre très important *tableau spirite*, qui vient après notre *tableau synoptique moral*; lequel Tableau spirite contient tout le relevé exact de tous les *principaux principes qui font le pur fondement du Spiritisme; comme ils font celui du pur Christianisme*, qui (c'est à la connaissance de tout le monde tant soit peu instruit) est le véritable antipode du Catholicisme romain qui n'est, en réalité, qu'une imitation falsifiée du Brahmanisme des temps jadis, et du Paganisme romain, avec une forte dose d'idolâtrie, *adorateurs d'images...*

A. B.

LUNDI.	MARDI.	MERCREDI.	JEUDI.	VENDREDI.	SAMEDI.	DIMANCHE.	DÉSIGNATION des QUALITÉS.
							Crainte de DIEU et confiance en Lui
							Amour de DIEU et reconnaissance envers LUI.
							Toute humilité et résignation devant Dieu.
							Prière à DIEU, etc.
							Charité en Pensées.
							Charité en Paroles.
							Charité en Actions.
							Sobriété.
							Frugalité.
							Tempérance.
							Ordre et économie.
							Patience.
							Modestie.
							Bon emploi du temps.
123 456 789							Bonne compagnie.

MAXIME FONDAMENTALE DU SPIRITISME

2 (Hors la charité point de salut.)

4 CRÉÉ PAR DIEU Esprit et Matière : 1° *Vie spirituelle* (unique et sans fin); 2° *Vies matérielles* (transitoires et indéterminées).	3 DE toute éternité DIEU *Seul* et *unique* Créateur et Dispensateur de toutes choses.	5 BUT DE LA CRÉATION Amélioration et progression, c'est-à-dire rapprochement vers DIEU
7 EN DIEU *Tous les hommes sont frères* — L'homme est composé : 1. D'un corps matériel et périssable; 2. D'une âme immatérielle et immortelle; 3. D'un périsprit, etc.	1 RÉSUMÉ DES PRINCIPES GÉNÉRAUX DU SPIRITISME	6 DIEU est éternel, immuable immatériel, unique, tout-puissant souverainement JUSTE ET BON
8 DEVOIRS DIRECTS Foi, Piété, Humilité, Reconnaissance et Amour de DIEU DEVOIRS INDIRECTS Sympathie, Fraternité, Bienveillance et Charité par Amour pour DIEU	9 PLURALITÉ DES MONDES humains — Mondes primitifs. — d'expiations et d'épreuves. — régénérateurs. — supérieurs. — Mondes divins ou extra-supérieurs.	10 PLURALITÉ DES EXISTENCES humaines — Existences primitives. — réparatrices et d'épreuves. — régénératrices. — supérieures. — Existences immatérielles et perpétuelles.

Observation. — Pour consulter avantageusement le présent tableau, il est indispensable de prendre connaissance de chaque case d'après son numéro d'ordre. A. B.

COLLECTION GÉNÉRALE

VERSIFIÉE

DE TOUS NOS ÉCRITS

Dans cette Collection, nous citerons, Lecteur,
Comme étant le premier le *Guide du bonheur*,
Puis notre importante *Philosophie spirite*,
Dont tous les principes sont du plus grand mérite;
Puis viennent nos *Notions* dites d'*astronomie*
Scientifique et, de plus, *psychologique et morale*,
Cette dernière étant sûrement la principale;
Ces Notions nous donnent sur l'espace infini
Nombreux renseignements tout à fait importants (1).
Puis vient, après cela, notre pur *Catéchisme*
Vraiment *universel*, tous ses enseignements
(Absolument dignes de toute votre estime)
Étant *ceux* de la *vraie* religion naturelle,
Toute la plus sensée et la plus rationnelle;
Puis de plus, encore, notre *Encyclopédie*
Terminant, tout à fait, tous nos anciens écrits,
Au domaine public abandonnés par nous,
Dans un but, chers Lecteurs, que vous comprendrez tous.
Maintenant nous allons
Vous donner tous les noms
De nos nouveaux écrits
Faisant suite aux susdits.

---

(1) Pour être convaincu de ce que nous avançons ici, prendre connaissance de l'écrit en question

Le premier s'appelle : *Guide de la sagesse*.
Et puis les deux suivants d'une extrême jeunesse (1),
Sont nos deux *Poèmes :* l'un dit *Philosophique*
Et puis l'autre portant le nom d'*astronomique.*
Puis vient notre Brochure, absolument sensée,
Laquelle, avec raison, critique le Clergé
Catholique et romain, puis, ensuite, s'appelle :
Les deux antipodes ou le Catholicisme
Tout à fait opposé au très pur Christianisme,
Ou bien l'eau et le feu : vérité rationnelle.
Puis cette autre encore, justement appelée :
Scientifique et morale; absolument sensée.
Enfin, pour terminer, l'*ami des voyageurs,*
De notre écrit dernier est le vrai nom d'ailleurs.
Telle est de nos écrits, l'énumération,
Non compris un très grand tableau dit synoptique (2),
Puis un autre appelé du nom d'astronomique
Et se trouvant collé sur un très fort carton.
Puis des circulaires que nous avons placées
Dans *trois* de nos écrits qui sont sus-désignés :
Guide de la sagesse, est vraiment le premier,
Et puis les *deux autres :* ce sont les deux derniers.

A. B.

(1) Si nous disons ici que nos deux Poèmes sont d'une extrême jeunesse, c'est parce qu'ils ont été composés d'après les *nouvelles règles poétiques* admises par nous, dans la versification.

(2) Ce grand tableau synoptique donne de très nombreux renseignements sur tous les États libres de notre Continent Européen, ainsi que sur les 87 départements de la France.

TABLE GÉNÉRALE DES MATIÈRES

PREMIÈRE PARTIE

SECONDE PARTIE

FIN DE LA TABLE DES MATIÈRES

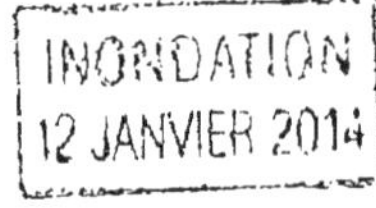

Paris. — Charles UNSINGER, imprimeur, 83, rue du Bac